COMPAGNIE FRANÇAISE

DES

CABLES TÉLÉGRAPHIQUES

Société anonyme au capital de 2.400.000 francs

SIÈGE SOCIAL : 38, AVENUE DE L'OPÉRA

CONVENTION

conclue, le 28 Mars 1901, entre l'État et la Compagnie Française
des Câbles Télégraphiques, pour l'établissement,
l'entretien et l'exploitation de Câbles télégraphiques sous-marins.

LOI DU 31 JUILLET 1901

PARIS

IMPRIMERIE ET LIBRAIRIE CENTRALES DES CHEMINS DE FER

IMPRIMERIE CHAIX

SOCIÉTÉ ANONYME AU CAPITAL DE TROIS MILLIONS

Rue Bergère, 20

1901

COMPAGNIE FRANÇAISE

DES

CABLES TÉLÉGRAPHIQUES

Société anonyme au capital de 2.400.000 francs

SIÈGE SOCIAL : 38, AVENUE DE L'OPÉRA

CONVENTION

conclue, le **28 Mars 1901**, entre l'État et la Compagnie Française
des Câbles Télégraphiques, pour l'établissement,
l'entretien et l'exploitation de Câbles télégraphiques sous-marins.

LOI DU 31 JUILLET 1901

PARIS

IMPRIMERIE ET LIBRAIRIE CENTRALES DES CHEMINS DE FER

IMPRIMERIE CHAIX

SOCIÉTÉ ANONYME AU CAPITAL DE TROIS MILLIONS

Rue Bergère, 20

1901

CABLES TÉLÉGRAPHIQUES

CONVENTION

conclue, le 28 Mars 1901, entre l'État et la Compagnie Française
des Câbles Télégraphiques, pour l'établissement,
l'entretien et l'exploitation de Câbles télégraphiques sous-marins.

Entre les soussignés :

M. A. MILLERAND, ministre du Commerce, de l'Industrie, des Postes
et des Télégraphes,

M. J. CAILLAUX, ministre des Finances,
Agissant au nom et pour le compte de l'État,

d'une part;

Et :

1° La Compagnie Française des Câbles Télégraphiques, Société anonyme au capital de 24 millions de francs, dont le siège est à Paris,
38, avenue de l'Opéra,

Représentée par MM. l'amiral J. CAUBET, président du Conseil d'administration et J. DEPELLEY, administrateur-directeur de ladite Compagnie, spécialement autorisés à cet effet par délibération du Conseil
d'administration de ladite Compagnie en date du 26 mars 1901, dont
un extrait est annexé aux présentes,

d'autre part;

2° La Société Générale Française de Télégraphes, Société anonyme
au capital de 10 millions de francs, dont le siège est à Paris, 38, avenue
de l'Opéra,

Représentée par M. L. VILLARS, président de son Conseil d'administration, spécialement autorisé à cet effet par délibération dudit Conseil
d'administration en date du 25 mars 1901, dont un extrait est annexé
aux présentes : la Société Générale Française de Télégraphes interve-
nant au présent contrat, auquel elle doit donner son agrément, en rai-
son des accords existant actuellement entre elle et la Compagnie Française des Câbles Télégraphiques, et aussi à cause des engagements par
elle pris en vertu des articles ci-après : .

encore d'autre part;

Il a été dit et arrêté ce qui suit :

ARTICLE PREMIER.

**Émission
d'obligations.
Réserve de garantie.**

La Compagnie Française des Câbles Télégraphiques est autorisée à
créer des obligations 3 1/2 0/0 en nombre nécessaire :

A. — Pour constituer jusqu'à un maximum effectif de huit millions
de francs (8.000.000 de francs) un capital destiné :

1° A des modifications du réseau, notamment au déplacement et au
remplacement de certaines sections défectueuses du câble transatlantique de Brest à Saint-Pierre et au Cap Cod;

2° A la construction d'un nouveau bateau aménagé et outillé spécialement pour les travaux de réparation des câbles sous-marins;

3° A la formation, jusqu'à concurrence de 2 millions de francs, d'une
« réserve de garantie » ayant pour objet de parer à l'insuffisance qui
pourrait se présenter dans un exercice sur la garantie d'intérêts con-
sentie par l'État dans les conditions déterminées à l'article 4 suivant.
Les sommes qui seraient prélevées sur cette réserve de garantie lui
seront remboursées sur les premières recettes nettes de la Compagnie
avant toute autre affectation.

B. — Pour échanger, titre pour titre, ses obligations 5 0/0 actuellement en circulation, au nombre de 42.151;

C. — Pour rembourser, au taux de 475 francs par obligation 3 1/2 0/0, une somme de 5 millions de francs, partie d'une avance s'élevant, en principal et intérêts, à la date du 25 mars 1901, à 15.744.850 fr. 36 c., faite à ladite Compagnie par la Société Générale Française de Télégraphes et par la Société Industrielle des Téléphones.

Les obligations 3 1/2 0/0 à émettre pour les objets énoncés au paragraphe A ne pourront être négociées par la Compagnie qu'avec l'autorisation par écrit du Ministre du Commerce, de l'Industrie, des Postes et Télégraphes, après avis du Ministre des Finances.

Art. 2

Si la Compagnie est mise en demeure, dans les conditions prévues à l'article 9, paragraphe 3 de la convention du 2 juillet 1895, de poser un nouveau câble transatlantique, elle pourra, en cas d'insuffisance du fonds de prévision (articles 4, 5, 9), émettre des obligations jusqu'à concurrence de la somme reconnue nécessaire par le Ministre du Commerce, de l'Industrie, des Postes et des Télégraphes.

Câble
de remplacement.

Art. 3.

Les prix et conditions d'émission de toutes obligations à créer par la Compagnie, ainsi que la forme des titres et les conditions de l'amortissement devront être préalablement soumis à l'approbation par écrit du Ministre du Commerce, de l'Industrie, des Postes et des Télégraphes, après avis du Ministre des Finances.

Conditions
d'émission des
obligations.

La Compagnie devra se réserver la faculté de rembourser à toute époque, sauf un préavis de six mois, tout ou partie des titres en circulation.

En dehors des émissions d'obligations, la Compagnie ne pourra contracter aucun emprunt, sous quelque forme que ce soit, sauf à titre temporaire, et ce, avec l'autorisation par écrit du Ministre du Commerce, de l'Industrie, des Postes et des Télégraphes, d'accord avec le Ministre des Finances. En ce cas, les charges de l'emprunt seront admises au compte d'exploitation.

ART. 4.

Compte des recettes et des dépenses. Garantie de l'État.

A partir du 1er janvier 1901, il sera tenu un compte général des recettes et des dépenses de la Compagnie.

Ce compte est arrêté par exercice.

A — Sont compris dans le compte des recettes :

Tous les produits des lignes exploitées actuellement par la Compagnie ou pour son compte, y compris les garanties de produits acquises conformément à la convention du 3 février 1893 (câble Australie-Nouvelle-Calédonie) et à l'article 6 de la convention du 2 juillet 1895 (câble transatlantique) ; les subventions dues par des tiers, les intérêts et dividendes de fonds placés et généralement toutes les recettes de la Compagnie autres que celles se rapportant aux comptes spéciaux visés à l'article 12.

B — Sont compris dans le compte des dépenses :

1° Toutes les dépenses d'administration, d'exploitation et d'entretien, y compris notamment les impôts, les frais de contrôle visés à l'article 16, les allocations de la Compagnie pour les caisses de retraites, de secours et de prévoyance, les indemnités pour accidents, pertes, avaries ou incendies ;

2° Une somme de 250.000 francs destinée à concourir à la reconstitution du fonds de prévision (articles 5 et 9) ;

3° L'intérêt, l'amortissement et les frais accessoires des obligations 4 0/0 créées en vertu des conventions du 3 février 1893 et du 2 juillet 1895 et de toutes obligations à créer en vertu de la présente convention, ainsi que l'intérêt des emprunts temporaires autorisés dans les conditions de l'article 3, paragraphe 3.

Si la comparaison des recettes et des dépenses, établies comme il
vient d'être dit, fait ressortir une insuffisance de recettes, l'État en
avance le montant à la Compagnie jusqu'à concurrence d'un million,
sous déduction, toutefois, des garanties de produits qui auraient été
portées au compte des recettes, conformément au paragraphe A du
présent article.

Si l'insuffisance de recettes excède la garantie qui peut être allouée
par l'État, conformément à la disposition précédente, la somme à
porter au fonds de prévision, conformément au paragraphe B-2° du
présent article est réduite jusqu'à concurrence de l'excédent.

L'inscription en dépense de l'allocation au fonds de prévision est
suspendue lorsque ce fonds de prévision atteint huit millions de francs;
elle est reprise si, par suite de prélèvements opérés, le fonds de prévision redescend au-dessous de ce chiffre.

Art. 5.

Si la comparaison des recettes et des dépenses, calculées comme il
est dit à l'article 4 fait ressortir un excédent de recettes, cet excédent
est affecté :

En premier lieu, à la reconstitution, le cas échéant, de la réserve de
garantie mentionnée à l'article 1er.

En second lieu, au paiement d'un intérêt maximum de 4 0/0 sur le
capital-actions de la Compagnie. Après paiement de cet intérêt, le solde
du produit net sera affecté :

A — Pour 2/3 au remboursement des garanties d'intérêts ou de produits qui auraient été avancées par l'État, tant en vertu de la présente
convention que de la convention du 2 juillet 1895.

B — Pour 1/3 à alimenter le fonds de prévision :
Lorsque le fonds de prévision atteindra huit millions de francs, le
solde ci-dessus sera affecté, pour la totalité, au remboursement des
sommes avancées par l'État.

C— Lorsque la Compagnie ne devra plus rien à l'État du chef des avances de garanties de produits et d'intérêts, l'excédent du produit net, après attribution de l'intérêt de 4 0/0 sur le capital social, sera réparti :

Pour 1/3 à la Compagnie ;

Pour 1/3 au fonds de prévision ;

Pour 1/3 à l'amortissement anticipé des obligations créées par la Compagnie en vertu de la présente Convention et non gagées par une affectation spéciale.

Et lorsque ce fonds de prévision atteindra huit millions de francs :

Pour 1/2 à la Compagnie ;

Pour 1/2 à l'amortissement anticipé des obligations visées ci-dessus

Art. 6.

Paiement des amendes.

Les amendes encourues pour inobservation des clauses de la présente convention ou des conventions antérieures avec l'État français ou avec des tiers font l'objet d'un compte spécial.

Elles sont imputées sur les sommes revenant à la Compagnie conformément à l'article 5. En cas d'insuffisance de ces sommes, les amendes sont imputées au compte des dépenses sous réserve de remboursement ultérieur par la Compagnie ainsi qu'il est dit ci-dessus.

Art. 7.

Reconstitution du fonds de prévision.

Dans le cas où après avoir atteint huit millions de francs, le fonds de prévision serait réduit au-dessous de ce chiffre par les prélèvements opérés, conformément à l'article 9, la répartition serait reprise, jusqu'à due reconstitution, d'après les règles tracées par l'article 5 pour les différents cas où le fonds de prévision n'atteint pas la somme de huit millions.

Art. 8.

Les sommes avancées par l'État, soit à titre de garantie d'intérêts, conformément à la présente convention, soit à titre de garantie de produits conformément à la convention du 2 juillet 1895, sont productives d'intérêts simples à 3 0/0 à partir du jour du versement jusqu'au jour de remboursement.

Les remboursements faits à l'État sont imputés en première ligne sur les intérêts dus par la Compagnie, subsidiairement sur le capital.

Intérêt des sommes avancées par l'État.

Art. 9.

Le fonds de prévision constitué par les versements prévus aux articles 4 et 5 sous le contrôle du Ministre du Commerce, de l'Industrie, des Postes et des Télégraphes ne pourra être employé qu'avec son autorisation écrite et seulement :

Emploi du fonds de prévision. Son placement.

1° Pour faire face aux dépenses importantes de réfection du réseau et de reconstitution du matériel naval. L'imputation de ces dépenses au fonds de prévision sera fixée par l'État, la Compagnie entendue;

2° Pour les extensions du réseau.

De son côté, l'État pourra exiger, sous réserve de disponibilités suffisantes du fonds de prévision, la réfection ou le remplacement de toute ligne qui ne serait plus en état d'assurer un service régulier. Au cas où dans les deux mois d'une mise en demeure, la Compagnie refuserait d'effectuer les travaux, ceux-ci seraient faits pour son compte, et, dans le cas de refus de paiement, dans un délai d'un mois après notification du décompte à la Compagnie, les dépenses seraient prélevées sur les sommes dues par l'État à la Compagnie à un titre quelconque, sous réserve des affectations appliquées au service des obligations 4 0/0 (câbles transatlantiques et Nouvelle-Calédonie).

La réserve de garantie et le fonds de prévision sont placés en valeurs désignées par le Ministre du Commerce, de l'Industrie, des Postes et des Télégraphes après avis du Ministre des Finances.

Par exception aux dispositions de l'article 5, les intérêts produits se joindront au fonds de prévision chaque année.

A l'expiration de la présente convention, ou en cas de dissolution, la réserve de garantie et le fonds de prévision deviendront la propriété de la Compagnie, sous réserve des sommes qui pourraient encore être dues à l'État du chef des avances de garanties de produits ou d'intérêts ou du chef des dépenses qu'il aurait faites pour le compte de la Compagnie.

Art. 10.

Établissement
du compte annuel
de la Compagnie.

Le compte général établi dans les conditions fixées par l'article 4 sera soumis à l'examen d'une Commission dont la composition sera réglée par un décret rendu sur la proposition du Ministre du Commerce, de l'Industrie, des Postes et des Télégraphes et du Ministre des Finances. Il sera arrêté par le Ministre du Commerce, de l'Industrie, des Postes et des Télégraphes, sur la proposition de cette Commission, et après avis du Ministre des Finances, dans un délai de deux mois à compter de la réception des pièces.

Les sommes dues par l'État à la Compagnie ou à l'État par la Compagnie, en vertu de l'arrêté du Ministre du Commerce, de l'Industrie, des Postes et des Télégraphes, sont versées dans un délai de trente jours à compter de la notification de l'arrêté à la Compagnie.

En cours d'exercice, le Ministre du Commerce, de l'Industrie, des Postes et des Télégraphes peut, après avis de la Commission et du Ministre des Finances, allouer une provision à la Compagnie. Si l'arrêté de compte fait ultérieurement ressortir que la provision allouée est supérieure à la somme réellement due, l'excédent est reversé par la Compagnie à l'État dans les trente jours à compter de la notification de l'arrêté de reversement avec les intérêts simples à 3 0/0, à partir de la date de la notification de l'arrêté.

Art. 11.

La Compagnie s'engage, si le Gouvernement français le demande, à se charger, dans les conditions qui lui seront indiquées, d'organiser ou de constituer de nouvelles communications pour le compte de l'État.

La Compagnie se procurera les fonds nécessaires pour l'organisation ou la constitution de ces communications par des émissions d'obligations ; elle sera remboursée au moyen d'annuités représentant les charges effectives des emprunts contractés par elle à cet effet, savoir : l'intérêt et l'amortissement des obligations émises augmentés des frais de service, droits de timbre et tous autres droits à la charge de la Compagnie dont ces obligations sont ou seront frappées.

Les annuités dues par l'État seront affectées, par privilège spécial, au service de l'intérêt et de l'amortissement des obligations émises en vertu de la disposition précédente.

L'État pourra se libérer par anticipation vis-à-vis de la Compagnie aux mêmes conditions de préavis que la Compagnie vis-à-vis des porteurs, à la condition de fournir à celle-ci la somme nécessaire pour rembourser au pair les obligations non amorties.

Lignes nouvelles
(établissement).

Art. 12.

La Compagnie s'engage, si elle y est invitée, à exploiter ou à entretenir tout ou partie des câbles appartenant à l'État de telle manière qu'il n'en résulte pour elle ni perte ni bénéfice, sauf allocation d'une prime de gestion déterminée par le Ministre du Commerce, de l'Industrie, des Postes et des Télégraphes, dans le cas où les recettes, dépenses d'exploitation déduites, laisseraient un excédent. Les conditions d'exploitation et d'entretien sont indiquées dans un cahier des charges approuvé par le Ministre du Commerce, de l'Industrie, des Postes et des Télégraphes, dont la Compagnie Française des Câbles Télégraphiques accepte toutes les clauses et conditions. Ce cahier des charges, qui

Lignes nouvelles
(exploitation).

devra être rédigé en conformité de la présente Convention, aura même valeur que celle-ci. Les conditions spéciales à chaque cas particulier feront l'objet d'une entente entre le Ministre du Commerce, de l'Industrie, des Postes et des Télégraphes et la Compagnie.

L'État pourra se réserver l'exploitation directe des bureaux qu'il désignera. Il pourra à toute époque reprendre l'exploitation de tout ou partie des lignes précitées.

Les recettes et dépenses se rattachant à l'exploitation des lignes nouvelles donneront lieu à des comptes spéciaux qui resteront entièrement distincts du compte général prévu à l'article 4.

Les comptes spéciaux seront arrêtés à la fin de chaque exercice, dans les mêmes conditions que le compte général par la Commission instituée conformément à l'article 10.

Art. 13.

La Compagnie Française des Câbles Télégraphiques sera reconstituée au capital maximum de 14 millions de francs, comprenant notamment le solde de la dette, principal et intérêts de la dite Compagnie vis-à-vis de la Société Générale Française de Télégraphes. Ce capital pourra être augmenté avec l'autorisation écrite du Ministre du Commerce, de l'Industrie, des Postes et des Télégraphes, après avis du Ministre des Finances.

La Compagnie devra avoir son siège social en France.

Les Administrateurs devront jouir des droits de citoyen français.

Le Président du Conseil d'administration et le Directeur de la Compagnie devront être agréés par le Ministre du Commerce, de l'Industrie, des Postes et des Télégraphes.

Les nouveaux statuts de la Compagnie seront soumis à l'approbation par écrit du Ministre du Commerce, de l'Industrie, des Postes et des Télégraphes.

Art. 14.

La Compagnie déclare avoir entre les mains et pouvoir produire l'engagement de la Société Générale Française de Télégraphes et de la

Société Industrielle des Téléphones de recevoir des obligations 3 1/2 0/0 au prix de 475 francs pour le remboursement de la créance de 5 millions visée par l'article premier.

ART. 15.

Remise est faite à la Compagnie Française des Câbles Télégraphiques du remboursement de quatre cent soixante-sept mille cent quatre-vingt-un francs quarante-et-un centimes (467.181 fr. 41 c) qui lui ont été versés par le passé pour le service de la garantie de produits établie par la Convention du 2 juillet 1895 (câble transatlantique).

Abandon du remboursement des subventions versées antérieurement.

ART. 16.

Un service de contrôle des opérations de la Compagnie sera organisé par le Ministre du Commerce, de l'Industrie, des Postes et des Télégraphes.

La comptabilité et toutes les opérations financières de la Compagnie seront soumises aux vérifications de l'Inspection des Finances.

Les frais de contrôle sont fixés à vingt-cinq mille fr. (25.000 fr.) par an jusqu'à l'expiration de la présente convention, y compris les dépenses déjà prévues par la convention du 2 juillet 1895. Cette somme sera portée chaque année au compte des dépenses (article 4).

Ce contrôle portera sur les recettes et les dépenses de la Compagnie, sur son exploitation et sur toutes ses opérations techniques.

Contrôle.

ART. 17.

Le Ministre du Commerce, de l'Industrie, des Postes et des Télégraphes pourra déléguer aux séances du Conseil d'administration et aux Assemblées générales un commissaire ayant voix consultative et qui aura le droit de présenter des observations ou de demander des explications sur les questions examinées dans ces réunions.

Commissaire du Gouvernement.

Ce délégué devra être convoqué en temps utile pour lui donner la possibilité d'assister aux séances du Conseil d'administration et aux Assemblées générales. Il pourra réclamer une copie des procès-verbaux et, quel que soit le mode de vote adopté, il devra avoir toutes facilités pour faire connaître son avis. Les décisions prises devront lui être communiquées.

Si le commissaire délégué n'approuve pas une proposition présentée, soit par le Conseil d'administration, soit au cours d'une Assemblée générale, comme lui paraissant contraire aux dispositions de la présente convention, ou de celles du 3 février 1893 et du 2 juillet 1895, il pourra exiger l'ajournement de l'examen de cette proposition jusqu'à ce qu'une décision ait été prise en dernier ressort par le Ministre du Commerce, de l'Industrie, des Postes et des Télégraphes, après avis du Ministre des Finances s'il s'agit d'une question financière.

Art. 18.

Interdiction de cession, fusion, etc.

La Compagnie Française des Câbles Télégraphiques ne pourra céder aucun des droits résultant de la présente convention, ni affermer ses lignes, ni fusionner ses intérêts avec ceux d'aucune autre Compagnie, soit française, soit étrangère, ni passer ou renouveler aucun traité ou contrat d'exploitation sans l'autorisation écrite du Ministre du Commerce, de l'Industrie, des Postes et des Télégraphes.

Elle ne pourra aliéner aucune de ses lignes ni prendre aucune mesure qui rendrait possible l'aliénation des lignes visées à la convention du 2 juillet 1895, ou de l'une quelconque des lignes qu'elle possède actuellement, ni entreprendre, soit directement, soit indirectement, pendant tout le temps que la présente convention sera en vigueur, l'établissement d'une ligne nouvelle que sous réserve de la même autorisation.

Art. 19.

Acheminement des correspondances

Pendant la durée de la présente convention, l'Administration des Postes et des Télégraphes acheminera par les lignes de la Compagnie les télégrammes pour les contrées desservies directement par elle et pour lesquels les expéditeurs n'auront pas désigné de voie, sous la réserve que la rapidité de transmission sera égale à celle des autres voies et que les tarifs ne seront pas plus élevés.

Toutefois, l'État conservera le droit, à tarif égal, d'acheminer les correspondances par les lignes lui appartenant, qu'elles soient ou non exploitées par lui.

De son côté, la Compagnie dirigera tout le trafic qu'elle aura recueilli et qu'elle ne pourrait acheminer complètement à tarif inférieur ou égal sur ses propres lignes, par les câbles ou fils appartenant à l'État ou à des Compagnies subventionnées par lui, sous la réserve que les tarifs ne seront pas plus élevés et que les expéditeurs n'auront pas désigné explicitement une autre voie.

Art. 20.

Sont maintenues jusqu'au 31 décembre 1940, dans leurs dispositions et leurs effets, sauf les modifications apportées par le présent contrat :

1° La convention passée le 3 février 1893 entre le Gouvernement français et la Compagnie Française des Câbles Télégraphiques et approuvée par la loi du 23 mars 1893 ;

2° La convention passée le 2 juillet 1895 entre le Gouvernement français et la Compagnie Française des Câbles Télégraphiques, ainsi que l'avenant du 19 décembre 1895, annexé à cette convention, approuvés par la loi du 28 mars 1896.

Dans le cas où la Compagnie rembourserait par anticipation ou convertirait les obligations 4 0/0 émises en vertu des conventions du 3 février 1893 et du 2 juillet 1895 avant le terme assigné aux garanties de produits par lesdites conventions, le bénéfice de l'article 7 de la convention du 3 février 1893 et des articles 6 et 8 de la convention du 2 juillet 1895 pourra, avec l'autorisation de l'État, être reporté sur les obligations émises en remplacement des titres 4 0/0.

Dans tous les cas, les charges des nouvelles obligations seront admises au compte de la garantie ainsi qu'il est dit à l'article 4.

ART. 21.

Durée
de la convention.
Date
de mise en vigueur.

La présente convention est conclue sous les réserves suivantes pour une durée de 40 années, à compter du 1ᵉʳ janvier 1901.

Elle ne sera définitive qu'après avoir été approuvée par une loi et n'entrera en application qu'après que la Compagnie aura apporté la preuve de l'exécution des mesures relatives à sa reconstitution au capital maximum de 14 millions, à l'échange des obligations 5 0/0 actuelles contre les obligations 3 1/2 0/0, et de l'acceptation par la Société Générale de Télégraphes du paiement d'une partie de sa créance et par la Société Industrielle des Téléphones du paiement de la totalité de sa créance, conformément à l'article 1ᵉʳ, en obligations 3 1/2 0/0 à 475 francs.

Elle deviendrait nulle si, dans un délai de six mois à partir de la promulgation de la loi, cette preuve n'avait pas été apportée.

ART. 22.

Déchéance.

Le Gouvernement pourra prononcer l'annulation pure et simple de la présente convention ou la mise en régie de l'exploitation de la Compagnie :

1° Dans les cas prévus par l'article 9 de la convention du 3 février 1893 et par l'article 17 de la convention du 2 juillet 1895, modifié par l'avenant du 19 décembre 1895 ;

2° Dans le cas où la Compagnie ne se conformerait pas aux stipulations de la présente convention ou du cahier des charges.

Toutefois l'annulation ou la mise en régie ne pourrait avoir lieu que s'il était établi que la Compagnie n'a pas été empêchée dans l'accomplissement des obligations ci-dessus désignées par un cas de force majeure.

Art. 23.

Les contestations qui s'élèveraient entre le Gouvernement et la Compagnie Française des Câbles Télégraphiques au sujet de l'application de la présente convention ou du cahier des charges seront jugés par le Conseil d'État.

La présente convention sera enregistrée au droit fixe de trois francs.

Les frais de timbre et d'enregistrement seront à la charge de la Compagnie Française des Câbles Télégraphiques.

Fait à Paris, le 28 Mars 1901.

Contestations.

Compagnie Française des Cables Télégraphiques,
L'Administrateur-Directeur,   Le Président du Conseil,
J. DEPELLEY.   J. CAUBET.

Société Générale Française de Télégraphes :
Le Président du Conseil d'Administration,
L. VILLARS.

Le Ministre du Commerce, de l'Industrie,
des Postes et des Télégraphes,
A. MILLERAND.

Le Ministre des Finances,
J. CAILLAUX.

LOI

portant approbation d'une convention conclue, le 28 mars 1901,
entre l'État et la Compagnie Française des Câbles Télégraphiques
pour l'établissement, l'entretien et l'exploitation de câbles télégraphiques sous-marins.

———

Le Sénat et la Chambre des députés ont adopté,
Le Président de la République promulgue la loi dont la teneur suit :

ARTICLE PREMIER. — Est approuvée la convention annexée à la présente loi, conclue le 28 mars 1901 entre le Ministre du Commerce, de
l'Industrie, des Postes et des Télégraphes et le Ministre des Finances,
et la Compagnie Française des Câbles Télégraphiques, pour l'établissement, l'entretien et l'exploitation de lignes télégraphiques sous-marines
nouvelles et l'entretien et l'exploitation de lignes existantes.

ART. 2. — Le maximum de la dépense que le Ministre du Commerce, de l'Industrie, des Postes et des Télégraphes pourra engager
dans les conditions prévues par les articles 11 et 12 de la convention
sus visée, pour l'établissement et l'organisation de nouvelles communications sous-marines, sera fixé annuellement par la loi de finances.

Les crédits nécessaires pour couvrir les charges résultant des obligations émises seront inscrits au budget du Ministère du Commerce, de
l'Industrie, des Postes et des Télégraphes (2ᵉ section).

ART. 3. — L'enregistrement de la convention annexée à la présente
loi, ainsi que des traités qui pourront être passés par le Gouvernement

en vertu de ladite convention, ne donnera lieu qu'à la perception du droit fixe de trois francs (3 francs).

La présente loi, délibérée et adoptée par le Sénat et par la Chambre des députés, sera exécutée comme loi de l'État.

Fait à Paris, le 31 juillet 1901.

EMILE LOUBET.

Par le Président de la République :
Le Ministre du Commerce, de l'Industrie,
des Postes et des Télégraphes,
A. MILLERAND.

Le Ministre des Finances,
par intérim,
Le Ministre de l'Agriculture
DUPUY.